은근히 이상하고 더러운 동물

크리스티나 반피 글
로셀라 트리온페티 그림
김시내 옮김

보랏빛소 어린이
Borabit Cow

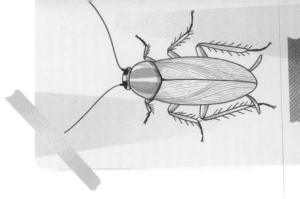

차례

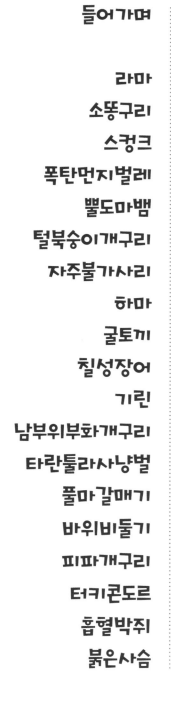

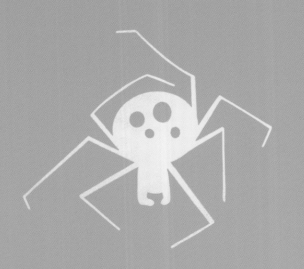

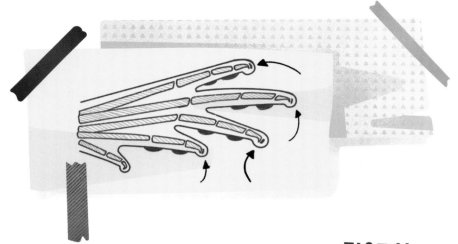

들어가며

지금부터 아주 놀라운 얘기를 들려줄게요! 냄새나는 똥과 오줌,
속이 울렁거리는 구토물과 끈적한 침, 더러운 진흙 속에서도 잘
살아가는 동물 친구들이 있답니다. 과연 누군지 궁금하지 않나요?

여러분의 머릿속에 두꺼비나 뱀 같은 몇몇 동물이 떠오를 거예요.
그런데 의외의 동물들도 생각보다 고약한 행동을 종종 한답니다!
사람들에게 귀엽거나 우아하다고 여겨져 왔던 동물들이 말이에요.

예를 들어, 기린이 혀로 귓속을 후빈다는 걸 상상해 본 적 있나요?
불가사리가 먹이를 먹을 때 몸 밖으로 위장을 밀어낸다는 건요?
꿀벌이 입에서 입으로 꿀을 나른다는 사실은 알고 있나요?
개미가 진딧물 항문에 딱 붙어 단물을 모은다는 사실은요?

어떤 동물들은 아주 지저분한 행동을 해요. 청어는 방귀를 뀌며
의사소통하고, 하마는 이따금 꼬리를 빙빙 돌리며 똥을 싸서
여기저기 흩뿌려요! 여기서 한술 더 떠, 토끼는 자기 똥을 먹고,
코알라는 항문으로 내보낸 이유식을 새끼에게 먹이지요! 심지어는
입으로 오줌을 싸는 자라도 있답니다.

예~에!

어떤 동물들의 행동은 무시무시하기까지 해요. 눈에서 피를 뿜는 도마뱀,
알을 입이나 피부 속에 품는 개구리, 먹잇감을 녹여 가며 먹는 바다 생물,
먹잇감을 몸속부터 천천히 먹어 치우는 거미 등이 있지요.

이 책에는 이렇게 괴상한 습성을 지닌 동물들만 쏙쏙 담았어요.
동물들의 어이없는 모습에 얼굴을 찌푸리기도 하고 미소 짓기도 하며
읽는 사이, 동물들에게 숨겨진 사실을 알아 가는 재미가 있답니다.

그리고 그 과정에서 한 가지 중요한 사실을 깨닫게 될 거예요.
더럽거나 무서워 보이기만 했던 동물들의 행동들이 알고 보면
환경에 적응하고 살아남기 위한 영리한 선택이었다는 걸
말이에요! 자, 그럼 누구보다 치열하게 하루하루를 살아가는
다양한 동물들을 만나러 가 볼까요?

라마

학명 : 라마 글라마(Lama glama)
식성 : 초식(식물)
길이 : 약 1.2미터
무게 : 약 140킬로그램
서식지 : 고지대
수명 : 약 16년
번식 : 암컷은 새끼를 1년 내내 돌봐요.
더러운 습성 : 화나게 하면 누구에게든
침을 뱉고 토해요.

우리는 침을 뱉는 게 예의에 어긋난다고 여겨요.
그런데 라마는 침을 뱉으며 서로 의사소통해요.

라마는 주로 무리에서 **서열이 낮은 라마들을 향해
침을 뱉어요.** 힘을 과시하는 행동이지요.

가끔 짜증이 날 때도 **씩씩대며 침을 뱉어요.** 암컷 라마는 귀찮게 따라붙는
수컷을 향해 침을 뱉어 제발 내버려 두라고 표현한답니다.

라마가 극도로 화가 나거나 위협을 느낄 땐 더 무시무시한 무기를 꺼내요.
바로 **고약한 냄새**를 풍기는 초록색 액체를 찍 뱉는 것이지요! 이 액체는
뱃속에서부터 게워 낸 위액으로, 라마는 이 위액을 입안에 머금다 **최대
4미터**까지 뱉어 낼 수 있어요. 그 후, 향기로운 잎사귀를 씹으며 입에
남아 있던 지독한 위액 냄새를 없앤답니다.

소똥구리

소똥구리는 무척 특이해요. 가장 즐겨 먹는 게 **똥**이거든요. 초식 동물의 배설물을 먹는데, 그중 **영양가가 많은 물질**을 흡수하지요. 하루에 자기 몸무게보다 많은 똥을 먹어 '생태계의 청소부'라고도 불린답니다.

학명 : 스카라바에우스 사케르
　　　(Scarabaeus sacer)
식성 : (초식 동물의) 배설물
길이 : 약 2.5센티미터
무게 : 수 그램
서식지 : 초원, 반사막, 해안 등
수명 : 확실하지 않음
번식 : 암컷은 동그랗게 굴린 똥 덩어리
　　　안에 알을 낳아요. 애벌레가
　　　다 자라려면 2년쯤 걸려요.
더러운 습성 : 똥을 먹고, 똥에 알도 낳아요.

알을 낳는 아늑한 **보금자리**도 똥으로 마련해요. 땅 위에서 똥을 몸보다 더 크게 굴리며 공처럼 만들어요. 그러고는 고개를 숙이고 뒷걸음질 치면서 뒷다리로 똥 덩어리를 굴리지요.

곧 엄마, 아빠가 될 소똥구리 한 쌍은 서로 도와 가며
똥 덩어리를 굴리고, 미리 파 놓은 굴 입구에 여러 개
놓아요. 그다음 똥 덩어리마다 알을 하나씩 낳고,
똥 덩어리들을 굴 안으로 깊숙이 밀어 넣지요.
그러면 발효되는 똥에서 애벌레가 부화하고,
최고의 환경에서 **먹이**를 충분히 먹으며
성충으로 자란답니다.

스컹크

스컹크는 귀엽고 친근한 인상을 지녔지만, 복슬복슬한 꼬리 아래로 고약한 **비밀** 하나를 숨기고 있어요. **위협**을 느끼면 포도알보다 작은 항문샘으로 무언가를 분비하지요.

바로 **기름지고 누런 액체**인데, 냄새가 아주 고약하답니다. 스컹크는 위협적인 상대로부터 등을 돌린 채 꼬리를 번쩍 들어 올린 다음, 상대의 **얼굴을 향해 액체를 찍 내뿜어요.** 최대 3미터까지 발사할 수 있지요.

학명 : 메피티스 메피티스
(Mephitis mephitis)
식성 : 잡식(곤충, 작은 포유류, 과일, 곡식 등)
길이 : 약 80센티미터
무게 : 최대 6킬로그램
서식지 : 숲, 초원
수명 : 약 3년
번식 : 암컷은 봄에 새끼를 낳고, 한배에
최대 열 마리를 낳아요.
고약한 습성 : 항문으로 냄새가 지독한
액체를 뿜어요.

이 냄새 폭탄은 상대를 크게 다치게 하지는 않지만, 얼마간 상대의 **정신을 쏙 빼게 만들어요.** 끔찍한 냄새가 며칠이나 가는 데다, 냄새를 지울 방법도 마땅치 않거든요. 이런 충격적인 일을 겪고 나면, 누구라도 스컹크에게 함부로 다가가지 못할 거예요.

폭탄먼지벌레

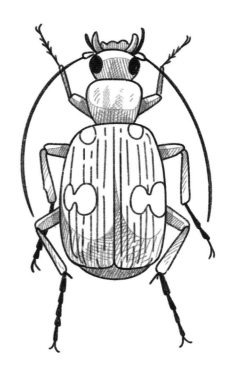

학명 : 페로프소푸스 제소엔시스
    (Pheropsophus jessoensis)
식성 : 잡식
길이 : 약 2.5센티미터
무게 : 수 그램
서식지 : 숲, 풀밭
수명 : 수 주
번식 : 암컷은 썩어 가는 잎사귀들
    사이에 알을 낳아요.
고약한 습성 : 항문으로 뜨겁고 독한
    화학 물질을 뿜어요.

목숨을 지키기 위해 **화학 무기**를 사용하는 동물도 있어요. 폭탄먼지벌레는 그중 단연 손꼽히는 곤충이에요. 위협을 느끼면 배에 난 항문샘으로 **폭발물 같은 독가스를 내뿜지요.** 뛰어난 조준 실력 덕분에 목표물을 놓치는 법이 거의 없어요.

이 독가스는 굉장히 **자극적인 화학 물질**이 섞인 혼합물이에요. 발사되는 순간, 공기 중에 빠르게 퍼지며 섭씨 100도 가까이 뜨거워진답니다. 사람 손에 닿는다면 **화상**을 입을 정도지요.

이 무서운 독가스를 폭탄먼지벌레는 **기관총**을 쏘듯 1초에 500번이나 내뿜어요. 만일 두꺼비에게 먹히면 두꺼비의 뱃속에서 독가스를 뿜지요. 이때 두꺼비가 괴로워하며 **구토**를 하면, 채 소화되지 않은 폭탄먼지벌레가 두꺼비 입 밖으로 멀쩡히 나온답니다.

뿔도마뱀

학명 : 프리노소마(Phrynosoma)

식성 : 곤충류

길이 : 약 11센티미터

무게 : 약 90그램

서식지 : 건조한 지역

수명 : 최대 5년(사육될 경우 최대 10년)

번식 : 암컷은 모래에 파 놓은 굴에 알을
낳아요. 새끼는 태어나자마자
독립하지요.

무서운 습성 : 눈에서 피를 뿜어요.

뿔도마뱀이라는 이 작은 파충류는 땅딸막하고
납작한 몸이 뾰족한 비늘로 뒤덮여 있어요.
뒤통수의 뿔 두 개는 두개골에서 뻗어 나왔지요.
사나워 보이지만, 평상시에는 성질이 순해요.

하지만 코요테 같은 천적을 마주치면 두 가지 방법으로 몸을 지켜요.
일단 폐에 공기를 가득 채워 **원래보다 두 배까지 몸을 부풀릴 수 있어요.**
그러면서 온몸의 **가시**를 바짝 세워 천적의 식욕을 떨어트리지요.

다음으로는, **눈**에 있는 작은 구멍으로 **피를
뿜을 수 있어요.** 공포 영화의 한 장면 같죠!
최대 1.5미터까지 뿜은 피가 천적의 눈에
들어가면 잠깐 앞을 볼 수 없게 만든답니다.

털북숭이개구리

학명 : 트리코바트라쿠스 로부스투스
(Trichobatrachus robustus)

식성 : 곤충류

길이 : 약 11센티미터

무게 : 약 150그램

서식지 : 적도 근처의 습한 지역

수명 : 확실하지 않음

번식 : 암컷이 시냇물에 알을 낳으면,
수컷이 알을 지켜요. 암컷보다
수컷이 더 크지요.

무서운 습성 : 몸을 보호하려 발가락
뼈를 부러뜨려요.

개구리의 피부는 대부분 털 한 올 없이 미끌미끌해요.
그런데 **수컷 털북숭이개구리**는 번식할 때가 다가오면
옆구리와 뒷다리에 머리카락 같은 피부 가닥이 돋아요.
그 안에 빽빽하게 든 혈관이 더 많은 산소를 흡수하고,
물속에서 오래 머무르며 알을 돌볼 수 있게 하지요.

여기에 그치지 않고 털북숭이개구리는 **상상하기
어려운 무기**를 숨기고 있어요. 바로 발가락뼈를
부러뜨려 **날카로운 발톱**을 만들어 낸다는 거예요!
위협을 느끼면 보이는 행동인데, 발바닥을 찢어
그 사이로 발톱을 내놓지요.

무시무시한 이 행동 덕에 별명도 하나 얻었어요.
손등에서 기다란 손톱이 튀어나오는 초능력자,
'울버린' 캐릭터의 이름을 딴 '**울버린개구리**'라는
별명이랍니다.

자주불가사리

학명 : 피사스테르 오크라케우스
　　　(Pisaster ochraceus)
식성 : 육식(동물의 살점)
길이 : 최대 25센티미터
무게 : 확실하지 않음
서식지 : 해안 바위
수명 : 약 20년
번식 : 알에서 새끼가 태어나고,
　　　부모의 보호 없이 바닷속을
　　　떠다녀요.
고약한 습성 : 위장을 몸 밖으로 내밀어
　　　　　　자기보다 더 큰 먹잇감을
　　　　　　소화해요.

'오커불가사리'로도 불리는 자주불가사리는 보라색, 주황색,
노란색 등을 띠어요. **육식**을 즐기는데, 팔 밑에 촘촘하게
달려 있는 '관족'이라는 기관을 오므렸다, 폈다 하며 **홍합,
조개** 등 다양한 무척추동물의 껍데기를 열 수 있어요.

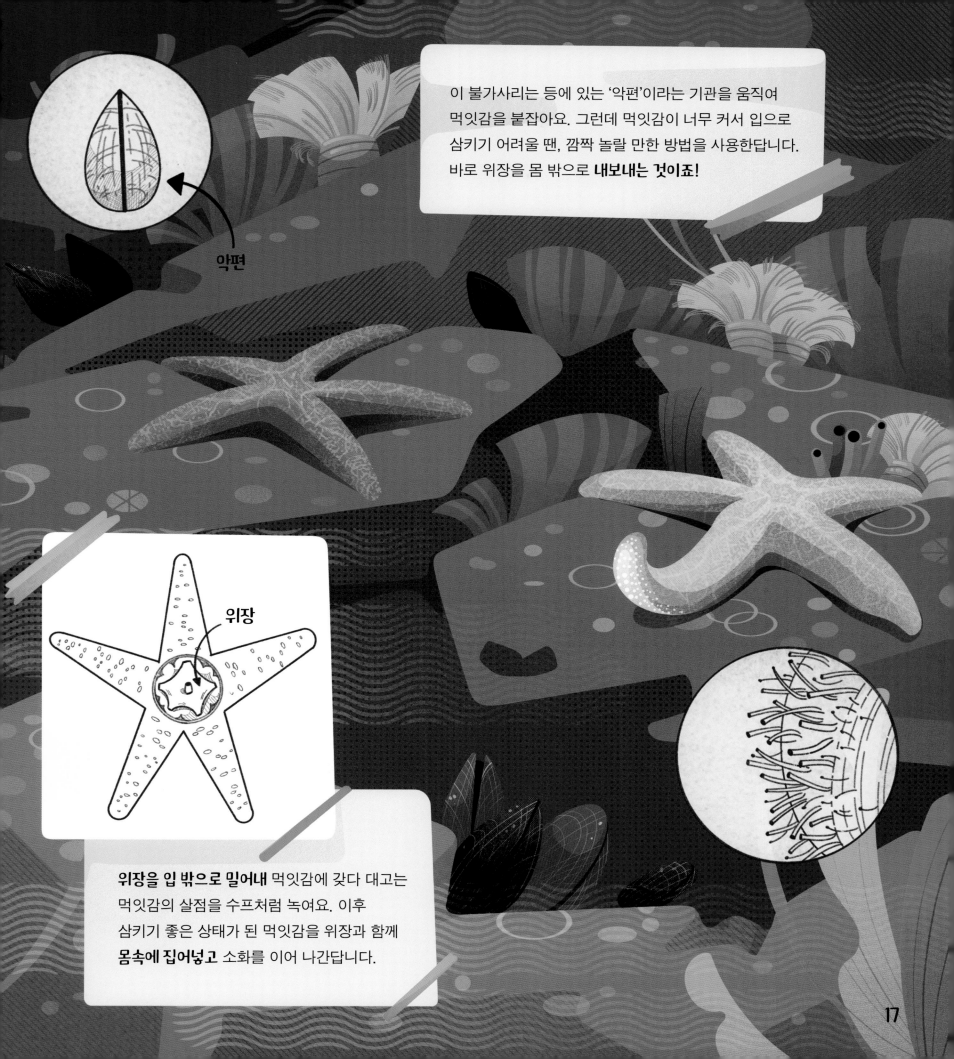

악편

이 불가사리는 등에 있는 '악편'이라는 기관을 움직여 먹잇감을 붙잡아요. 그런데 먹잇감이 너무 커서 입으로 삼키기 어려울 땐, 깜짝 놀랄 만한 방법을 사용한답니다. 바로 위장을 몸 밖으로 **내보내는 것이죠!**

위장

위장을 입 밖으로 밀어내 먹잇감에 갖다 대고는 먹잇감의 살점을 수프처럼 녹여요. 이후 삼키기 좋은 상태가 된 먹잇감을 위장과 함께 **몸속에 집어넣고** 소화를 이어 나간답니다.

하마

학명 : 히포포타무스 암피비우스
        (Hippopotamus amphibius)
식성 : 초식(식물)
길이 : 약 5미터
무게 : 약 4,500킬로그램 (4.5톤)
서식지 : 숲
수명 : 약 50년
번식 : 암컷은 8개월간 임신하고 한배에 새끼를
      한 마리 낳아요. 갓 태어난 새끼의 몸무게
      는 최대 50킬로그램에 이르지요.
더러운 습성 : 꼬리로 똥을 흩뿌려요.

하마는 겉보기엔 평화롭고 온순한 거인 같아요. 그러나 사실 무척 **난폭한데**, 딱히 위협적이지 않은 상대도 갑자기 공격할 정도예요. 게다가 자신의 **똥**으로 좀 지저분한 행동을 한답니다.

바로 물 밖에서 **똥을 쌀 때 꼬리를 탈탈 치는** 거예요! 누가 똥을 가장 멀리 뿌리는지 경쟁하듯 너도나도 똥을 뿌려 싸지요. 이런 '**분뇨 살포**'에 가까운 행동을 어떤 동물학자는 영역을 확보하기 위한 행동이라고 추측하지만, 아직 정확히 밝혀진 원인은 없어요.

하마 똥 주의

어린 하마는 나이 든 하마나 힘센 하마에게 종종 이렇게 꼬리를 치며 똥을 눠요. 아마도 **존경하는 상대의 얼굴에 똥을 뿌려** 복종한다고 표현하는 것으로 추측돼요.

굴토끼

굴토끼는 주로 풀을 먹어요. 그리고 다른 동물처럼 노폐물을 똥으로 내보내지요. **작고 동그란 공**처럼 생긴 까맣고 메마른 똥을 매일 **300개쯤** 몸 밖으로 내놓는답니다.

게다가 대체로 밤에는 남들 모르게 일반 똥과 다른 **'식변'**을 만들어요. 낮에 누는 똥보다 훨씬 더 무르고, 냄새도 심한 데다가 **조금 끈적끈적**하답니다. 아마 대부분 이 똥을 본 적 없을 거예요. **토끼가 이 똥을 곧바로 먹거든요!**

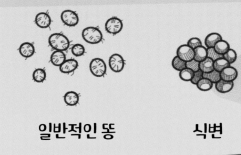

학명 : 오리크톨라구스 쿠니쿨루스
(Oryctolagus cuniculus)
식성 : 초식(식물)
길이 : 약 50센티미터
무게 : 약 2.5킬로그램
서식지 : 숲, 초원
수명 : 약 9년
번식 : 새끼는 굴속에서 털 없이 눈도 뜨지 못한 채 태어나요.
더러운 습성 : 자기 똥을 먹어요.

일반적인 똥　　　식변

정말 이상한 동물이지요?

사실, 식변에는 굴토끼가 건강하게 사는 데 꼭 필요한 많은 **영양분**이 들어 있답니다. 굴토끼는 이 특별한 똥을 먹고 다시 소화해야 귀중한 영양분을 전부 흡수할 수 있어요.

칠성장어

칠성장어는 물고기보다 뱀에 가까운 모습을 지녔어요.
다 자란 성체는 다른 생명체에 붙어 영양분을 흡수하는
기생 동물이에요. 특히 다른 물고기에 붙어 피, 조직,
체액을 **천천히 빨아들여서** 빈 껍데기만 남긴답니다.

턱이 없는 둥근 입

학명 : 페트로미존티포르메스
　　　　(Petromyzontiformes)
식성 : 육식(동물의 살점)
길이 : 약 50센티미터
무게 : 약 100그램
서식지 : 강, 바다
수명 : 약 6~7년
번식 : 암컷은 2만~10만 개의 알을
　　　 낳고 죽어요.
무서운 습성 : 먹잇감의 피와 체액을
　　　　　　 빨아먹어요.

칠성장어의 둥근 입에는 턱이 없어요.
빨판처럼 생긴 입속에 작고 뾰족한 이빨이
잔뜩 있지요. 먹잇감의 옆구리나 아가미뚜껑에
입을 갖다 대고 밤낮으로 찰싹 붙어 다녀요.
혀에도 여러 줄로 나 있는 뾰족한 이빨로
먹잇감의 **피부에 구멍을 뚫는답니다.**

이렇게 되면 먹잇감은 칠성장어라는 불편한 손님을 도저히 뿌리칠
방법이 없어요. 먹잇감에 달라붙은 칠성장어는 **생명력을 빨아들이듯**
서서히 먹잇감을 해치우지요. 식사를 끝내고 나면 그제야 입을 떼고
또 다른 불쌍한 희생양을 찾으러 간답니다.

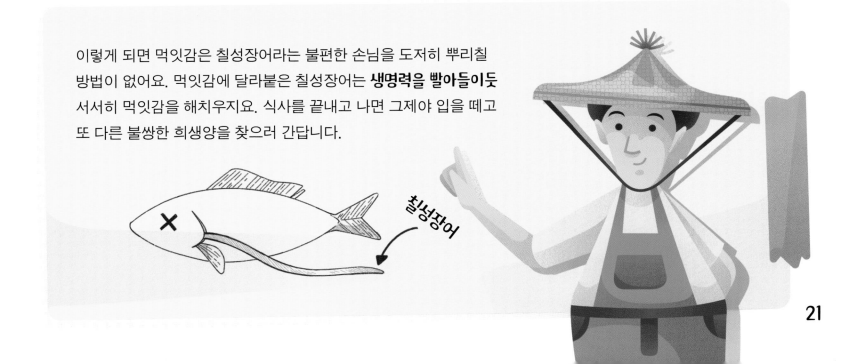

칠성장어

기린

기린은 목만 긴 게 아니에요. **혀도 길답니다.** 혀는 **50센티미터**나 될 정도로 길고, 물건도 쥘 수 있어서 잎사귀를 감아 먹을 때 정말 유용하답니다.

학명 : 기라파 카멜로파르달리스
(Giraffa camelopardalis)
식성 : 초식(식물)
길이 : 약 5.7미터
무게 : 최대 1,900킬로그램(1.9톤)
서식지 : 사바나
수명 : 약 25년
번식 : 암컷은 서서 새끼를 낳아요. 그래서 새끼는 태어나자마자 약 2미터 높이에서 땅으로 떨어지지요.
고약한 습성 : 혀로 귀와 코를 후비며 단장해요.

50센티미터나 될 정도로 정말 길어요!

필요할 때는 **귀까지 쉽게 닿는** 긴 혀로 귓구멍을 막은 귀지를 파내며 귀를 꼼꼼히 닦아요. 이게 별로 역겹지 않다면, 귀를 닦은 혀로 **코까지 후비는** 걸 상상해 보세요!

게다가 코를 살살이 핥으면서 콧구멍도 깨끗이 청소해요. 침 덕분에 꼼꼼히 닦을 수 있지요.

기린의 걸쭉한 침에는 바이러스와 박테리아를 없애는 **살균 물질**이 있어요. 그래서 조금 베인 상처쯤은 완전히 소독해 빨리 낫게 돕는답니다.

남부위부화개구리

학명 : 레오바트라쿠스 실루스
    (Rheobatrachus silus)

식성 : 곤충류

길이 : 약 5센티미터

무게 : 확실하지 않음

서식지 : 우림

수명 : 약 3년

번식 : 암컷은 젤리 같은 덩어리 속에 알을
    낳았어요.

무서운 습성 : 어미는 뱃속에서 올챙이를
    키우고, 개구리로 자라난
    새끼를 토했어요.

남부위부화개구리는 호주 우림 속 바위 많은 시냇물과 물웅덩이에 살던 작은 양서류 친구예요. 안타깝게도 자연에서 모습을 감춘 지 30년이 넘어 지금은 멸종된 것으로 보여요.

이 개구리는 번식하는 방법이 아주 특이했답니다. 어미가 20개쯤 되는 **알을 삼켰거든요!** 진짜로 먹은 게 아니라 **보호하는** 거였어요. 알이 어미의 **위장**에 들어간 즉시, 위장에서는 위산이 나오지 않았다고 해요. 그래야 알에서 부화한 올챙이가 소화되는 일이 없을 테니까요.

호주 우림

새끼가 이렇게 어미 몸에서 나왔대요!

어미는 올챙이가 자라는 6주 동안 아무것도 먹지 않았어요. 그렇지만 배는 점점 더 불렀지요. 올챙이가 다 자라고 나면 어미는 **개구리가 된 새끼를 토했답니다!**

타란툴라사냥벌

다들 거미가 곤충을 먹고 산다고 알고 있을 거예요.
그러나 그 반대도 있는 법이지요. 타란툴라사냥벌은
거미 사냥꾼이랍니다. 새끼를 끔찍이 여기는 어미
타란툴라사냥벌의 목표는 단 하나예요. 큰 거미가 사는
굴을 찾아 그 속에 거미가 있는지 확인하는 것이지요.
목표물을 찾으면, 어미 타란툴라사냥벌은 굴 입구의
거미줄을 움직여 거미를 굴 밖으로 꾀어낸답니다.

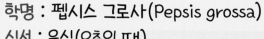

학명 : 펩시스 그로사(Pepsis grossa)
식성 : 육식(유충일 때),
          꽃꿀 및 꽃가루(성충일 때)
길이 : 약 4.5센티미터
무게 : 확실하지 않음
서식지 : 사막
수명 : 약 2개월
번식 : 알에서 작은 애벌레가 부화해요.
무서운 습성 : 애벌레는 커다란 거미 안에서
                거미를 산 채로 먹으며 자라요.

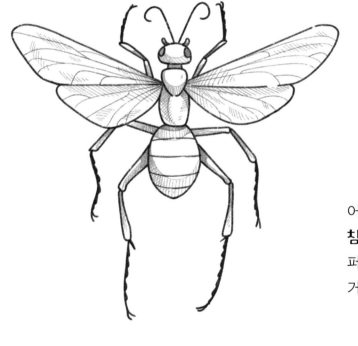

어미 타란툴라사냥벌은 굴 밖으로 나온 거미에게
침을 쏴서 독액을 주입한 다음 마비시켜요. 독이
퍼져 움직이지 못하는 거미의 몸에 자기 **알을 낳고**,
거미를 굴속에 끌고 들어가 **산 채로 땅에 묻지요.**

여전히 살아 있지만 꼼짝할 수 없는 거미 속에서 타란툴라사냥벌의 알이 부화해요. 그러면 알에서 나온 작은 애벌레가 서서히 거미를 몸속부터 먹어 치워요!

타란툴라사냥벌 애벌레는 거미의 주요 장기부터 먹지 않아요. 먹잇감을 최대한 오래 신선하게 유지하려면 먹잇감이 죽으면 안 되니까요. 이렇게 애벌레는 완전하게 타란툴라사냥벌로 자라날 때까지 거미의 숨을 끊지 않고 계속 먹는답니다.

풀마갈매기

새끼 동물들이란 무릇 작고 여리지만,
풀마갈매기 새끼는 예외예요.

새끼 풀마갈매기는 손쉬운 먹잇감처럼 보여요.
하지만, 천적의 공격에 맞서 **놀랍도록 괴상한
방법**으로 몸을 지킨답니다. 이 사실을 모르는
천적에게는 아주 **위협적인 비밀 무기**지요.

바로 **기름진 노란색 액체**를 뱃속에서 끌어올려
총알을 쏘듯 토하는 거예요! 쥐, 여우, 바다새 등
위협적인 상대의 **얼굴을 향해 곧장** 최대 1.5미터
까지 액체를 쏠 수 있답니다. 이 액체는 천적의
속을 울렁거리게 할 정도로 **냄새가 고약**해요.

학명 : 풀마루스 글라키알리스
(Fulmarus glacialis)
식성 : 육식(어류)
길이 : 약 50센티미터
무게 : 약 800그램
서식지 : 해안 지역
수명 : 약 50년
번식 : 암컷은 간단히 지은 둥지에 흰색
알 한 개를 낳아요.
더러운 습성 : 새끼는 포식자를 향해
냄새나는 기름을 토해요.

새끼 풀마갈매기의 기름진 구토물이
천적의 깃털에 닿으면, **깃털이 서로
엉겨 붙어요.** 천적이 깃털을 씻으려
바다에 몸을 담가 보지만, 구토물을
씻어 낼 수 없다는 걸 깨닫고는
물속으로 가라앉지요.

새끼 풀마갈매기는 최대
1.5미터까지 토할 수 있어요.

바위비둘기

젖은 포유류만 만들 수 있다고 여겨지곤 해요. 그런데 조류 중 바위비둘기도 젖을 만들 수 있어요. 다만, 젖샘이 없어서 다른 방법으로 만들지요. 삼킨 음식을 식도에서 위장으로 보내기 전 잠깐 저장하는 작은 주머니인 '소낭'에서 젖을 만든답니다.

새끼가 알에서 나오면, 부모가 된 암컷과 수컷 바위비둘기의 소낭 안쪽 피부가 마치 비듬처럼 얇게 벗겨지기 시작하지요.

이렇게 떨어져 나간 피부는 서서히 단백질과 지방 등 풍부한 영양소가 들어 있는 액체로 변해요.

소낭

이걸 '소낭유'라 하는데, 암수 한 쌍은 소낭유를 부리로 게워 내 갓 태어난 새끼에게 먹여요. 약 2주간 새끼가 섭취하는 유일한 영양 공급원이지요. 홍학 암컷, 수컷과 황제펭귄 수컷도 소낭유를 만든다고 해요.

피파개구리

학명 : 피파 피파(Pipa pipa)
식성 : 육식(동물의 살점)
길이 : 약 18센티미터
무게 : 약 150그램
서식지 : 습한 지역
수명 : 약 6~8년
번식 : 암컷은 60~100개의 알을
낳아요.
무서운 습성 : 새끼는 어미의 등 피부
속에서 자라요.

피파개구리는 조금 거북한 모습을 띠고 있어요. **너무 납작해서** 양서류보다는 **썩은 잎사귀처럼 보이는** 갈색 몸에 **사마귀 같은 혹으로** 뒤덮인 피부가 **끈적끈적하고 미끌미끌하지요.**

그러나 피파개구리의 번식 방법은 훨씬 더 거북하답니다.

다른 양서류와 달리, 피파개구리는 알을 물속에 낳지 않아요. 어미 피파개구리의 등에서 수정이 이뤄진 다음, 어미 등의 피부가 주머니 모양으로 변하며 알을 품을 수 있답니다.

어미 피부에 들어가 자리 잡는 알

3~4개월 뒤에 어미 등에 생겼던 피부가 떨어져 나가면, 새끼 개구리가 어미 등에서 **튀어나와요.** 아직 길이가 1센티미터 정도밖에 되지 않지만, 올챙이 시절 없이 바로 개구리가 된 거지요.

터키콘도르

이 세상에는 **자기 몸에 똥이나 오줌을 싸는** 동물 친구들이 있어요. 특히 터키콘도르는 **자기 다리에 똥오줌을 싼답니다.** 심지어 잔뜩 쌀수록 좋지요. 거기엔 다 이유가 있어요.

학명 : 카타르테스 아우라(Cathartes aura)
식성 : 육식(동물의 살점)
길이 : 약 80센티미터
무게 : 약 2킬로그램
서식지 : 사바나, 숲
수명 : 15~20년
번식 : 새끼는 부모에게 먹이를 받아먹어요.
       위험에 처하면, 죽은 척하지요.
더러운 습성 : 자기 몸에 똥오줌을 싸요.

터키콘도르의 똥에는 **살균제** 성분의 산이 들어 있어요. 그러면 **썩은 동물 사체**를 밟더라도 발에 묻은 박테리아를 없애 주지요. 게다가 오줌은 증발하면서 다리의 **온도를 내려 주며**, 타는 듯한 무더위를 견디게 도와요.

이 새는 똥오줌 말고도 가끔 훨씬 더 심한 악취를 풍길 때도 있어요. 일부만 소화한 음식물을 게운 구토물을 **토해 낼** 때가 있는데, 아주 **시큼한 냄새**가 나지요. 이 구토물 속에 든 강력한 위산 성분이 천적에게 **화상**을 입힐 정도랍니다!

흡혈박쥐

소설 속 드라큘라 백작은 '박쥐로 변신하여 사람들의 피를
빠는' 이미지로 그려졌지요. 이와 달리, 평범한 박쥐는
인간의 피를 빨지 않아요. 그런데 남미에는 특히 닭과 말,
그리고 소와 같은 가축의 피만 먹고 사는 흡혈박쥐가 있어요.

흡혈박쥐는 밤에 잠든 동물들을 습격해 주로 동물의 다리에
이빨로 **작은 구멍을 뚫고**, 상처에서 피가 나오면 핥아 먹어요.
흡혈박쥐의 침 속 '**드라큘린**'이라는 단백질 성분은 피를 굳지
않게 해요. 그래서 피를 빤 자리의 상처가 더디 아물지요.

학명 : 데스모두스 로툰두스
       (Desmodus rotundus)
식성 : 흡혈(동물의 피)
길이 : 6~9센티미터
무게 : 약 33그램
서식지 : 건조한 지역부터 습한 지역
        까지 다양해요.
수명 : 약 12년
번식 : 암컷은 동굴에서 한배에 새끼
       한 마리를 낳아요.
고약한 습성 : 가축의 피를 먹고 살아요.

침에는 드라큘린이라는
단백질이 들어 있어요.

흡혈박쥐의 코안에는 **열을 감지하는 기관**이 있어서 피를 핥을
동물의 피부 아래에 뻗어 있는 혈관을 찾을 수 있어요. 그리고
피를 한 모금씩 빨아들이지요. 만약 이틀 넘게 다른 동물의 피를
마시지 못하면, 흡혈박쥐는 죽는답니다.

붉은사슴

수컷 사슴의 머리 위에 여러 갈래로 뻗은 큰 뿔을 '가지 뿔'이라고
해요. 이 뿔은 뼈가 자라 생긴 것으로, 1년에 한 번 겨울이 끝날 무렵
떨어져요. 봄이 되면 다시 자라기 시작해 여름이 지날 때쯤이면 다
자란답니다. 1미터 길이에 무게는 최대 10킬로그램까지 나가요.

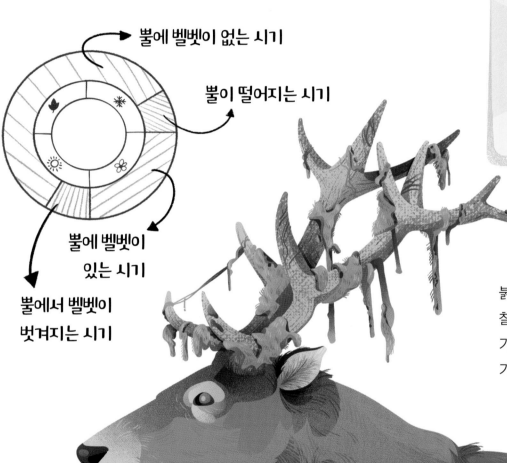

뿔에 벨벳이 없는 시기

뿔이 떨어지는 시기

뿔에 벨벳이
있는 시기

뿔에서 벨벳이
벗겨지는 시기

학명 : 케르부스 엘라푸스
　　　 (Cervus elaphus)
식성 : 초식(식물)
길이 : 약 2미터
무게 : 약 250킬로그램
서식지 : 온대 숲
수명 : 약 18년
번식 : 한배에 새끼가 1~2마리 태어나요.
　　　 태어날 때 있던 흰색 점은 3개월
　　　 뒤에 없어진답니다.
무서운 습성 : 가지 뿔을 감싼 '벨벳'이
　　　　　　　피를 흘리며 떨어져요.

붉은사슴은 가지 뿔로 암컷을 유혹하고, 번식
철에는 다른 수컷들로부터 자기 자신을 지켜요.
가끔 수컷들은 힘을 과시하기 위해 **머리를 맞대고**
가지 뿔을 겹치며 **싸운답니다.**

가지 뿔이 자라는 동안, **혈관을 지녀**
매우 예민하고 **털이 보송보송하게**
난 '벨벳'이라는 피부가 겉을 감싸요.
벨벳은 가지 뿔이 완전히 자랄 때까지
뼈 조직에 영양분을 공급한답니다. 할
일을 마치고 나면, 죽어 메마르지요. 그리고
피가 줄줄 흐르는 조직을 뿔에 허물처럼 남기며
서서히 떨어져 나가요.

검은과부거미

다른 거미들처럼 **흉포한 사냥꾼**인 검은과부거미는 많은 동물을 손아귀에 넣을 수 있어요. 심지어 작은 뱀까지도요. 거미줄이 굉장히 튼튼하고 땅에 닿을 정도로 기다란데, 이 거미줄에 **먹잇감이 걸리면** 붙잡아 먹지요.

학명 : 라트로덱투스 막탄스
(Latrodectus mactans)

식성 : 곤충류

길이 : 약 23센티미터

무게 : 약 1그램

서식지 : 축축한 환경

수명 : 약 5년

번식 : 암컷이 2~4개의 알을 낳으면,
약 2주 뒤에 알이 부화해요.

무서운 습성 : 먹잇감의 조직을 독으로 녹인 뒤
빨아 먹어요.

완벽해!

거미줄에 먹잇감이 걸리면, 검은과부거미는 먹잇감을 물고 **치명적인 독**을 주입해 곧바로 마비시켜요. 그런 다음, 마비된 먹잇감을 차분히 거미줄로 싸서 보금자리로 **끌고 올라간답니다.**

이 거미는 먹잇감을 밀크셰이크처럼 녹인 다음 빨아 먹어요. 독에 든 소화 효소로 먹잇감의 부드러운 부분부터 녹여 내 짧게는 며칠부터 길게는 몇 주에 걸쳐 먹어 치우지요.

유럽들소

유럽들소는 영양, 기린, 낙타, 사슴 등 다른 여러 초식 포유류처럼 되새김질을 하는 '반추 동물'이에요. 네 개로 나뉜 **특별한 위장**을 가지고 있지요. 가장 큰 위는 '반추위'라고 하며 대충 씹어 빨리 넘긴 풀을 저장하는 곳이랍니다.

그런 다음, **삼켰던 풀을 입으로 게워 내** 6~8시간 동안 천천히 다시 씹어요. 이때, **100리터나 되는 침**이 풀을 완전히 소화하도록 돕지요. 소화를 모두 끝마치려면, 최대 **4일**까지 걸릴 수 있어요.

유럽들소의 위장에는 소화를 돕는 많은 **박테리아**가 있어요. 이 박테리아는 소화를 돕는 동시에 장에서 메테인, 이산화탄소 등 어마어마하게 많은 **가스**를 만들어요. 이런 가스를 방귀로 내보내면 냄새가 지독할 뿐만 아니라 지구 표면의 평균 온도를 높이는 '온실 효과'의 원인이 되기도 해요.

학명 : 비손 보나수스(Bison bonasus)
식성 : 초식(식물)
길이 : 약 2.9미터
무게 : 약 800킬로그램
서식지 : 숲
수명 : 약 24년
번식 : 보통 새끼 한 마리가 태어나고, 태어난 지 30분이 되면 벌떡 일어나 어미를 따라다녀요.
더러운 습성 : 삼켰던 풀을 입으로 게워 내고, 장에서 가스를 어마어마하게 만들어요.

멧돼지

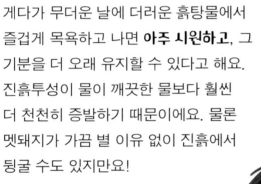

학명 : 수스 스크로파(Sus scrofa)
식성 : 잡식(식물, 동물의 살점)
길이 : 약 2.4미터
무게 : 약 200킬로그램
서식지 : 숲
수명 : 약 13년
번식 : 어미가 홀로 새끼를 돌봐요.
　　　한배에 평균 7~8마리의
　　　새끼를 낳지요.
더러운 습성 : 진흙에서 뒹굴어요.

머리끝부터 발끝까지 **진흙투성이**가 되는 것보다 더러운 게 또 있을까요? 새끼 멧돼지는 진흙에서 뒹구는 걸 정말 좋아해요. 게다가 어미가 먼저 시범을 보이며 어서 진흙에 뒹굴어 보라고 **격려**까지 하지요.

멧돼지가 진흙을 좋아해서 이런 행동을 하는 건 아니에요. **벼룩, 진드기, 또는 파리 알 등 해충**이 털에 붙는 걸 원하지 않을 뿐이지요. 꼼꼼히 진흙을 묻혀야 이런 성가신 곤충들이 들러붙지 못하게 막을 수 있거든요.

게다가 무더운 날에 더러운 흙탕물에서 즐겁게 목욕하고 나면 **아주 시원하고,** 그 기분을 더 오래 유지할 수 있다고 해요. 진흙투성이 물이 깨끗한 물보다 훨씬 더 천천히 증발하기 때문이에요. 물론 멧돼지가 가끔 별 이유 없이 진흙에서 뒹굴 수도 있지만요!

진흙 목욕의 장점

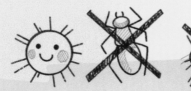

붉은화덕새★

★ 영문명 'Red Ovenbird'을
그대로 번역해 표기했습니다.

어딜 가나 집이 최고지요! 붉은화덕새는
가능한 재료라면 뭐든 사용해 **둥지를 지어요.**
찰흙을 가장 좋아하지만, 마땅치 않을 땐
망설이지 않고 들에서 **똥**을 가져다 쓴답니다.

38

학명 : 푸르나리우스 루푸스
      (Furnarius rufus)
식성 : 곤충류
길이 : 약 20센티미터
무게 : 약 55그램
서식지 : 풀밭
수명 : 약 16년
번식 : 암컷이 둥지에 2~4개의 알을
      낳으면, 암수 모두 알을 품어요.
더러운 습성 : 다른 동물의 똥으로 둥지를
           지어요.

붉은화덕새는 숙련된 일꾼처럼 둥지를 척척
지어요. 가장 먼저 **똥, 진흙, 지푸라기로 반죽을
만들어요.** 그다음, 나뭇가지나 막대 위에 약
20센티미터 너비로 반구형 둥지를 완성해요.
둥지의 모습이 마치 장작불을 때는 화덕처럼
보여서 '화덕새'라는 이름이 붙었지요.

둥지를 다 지으면, 햇볕에 천천히 말려 단단하게 굳혀요.
시간이 지나 **지독한 똥 냄새가 가시면** 둥지 안에 바싹 마른 풀,
털 다발, 면 뭉치를 가져다 놓고 새끼를 낳아 기른답니다.

거품벌레

학명 : 필라에누스 스푸마리우스
(Philaenus spumarius)

식성 : 초식(식물)

길이 : 5~7밀리미터

무게 : 확실하지 않음

서식지 : 풀밭, 숲

수명 : 수개월

번식 : 암컷은 가을에 나무껍질 아래에 알을 낳아요. 겨울 동안 알을 지키기 위해서지요.

더러운 습성 : 침을 뱉어 놓은 것 같은 거품 속에서 살아요.

거품벌레의 애벌레, 즉 유충은 봄에 태어나자마자 땅에서 싹을 틔운 부드러운 묘목을 차지해요. 그리고 주둥이로 수액을 핥으며 마구 마시지요.

이 벌레는 어떤 점이 괴상할까요?

자그마한 유충은 아직 천적의 공격에 맞설 능력이 없어요. 그래서 **몸을 보호하기 위해** 은신처를 마련해요. 이 은신처는 몸을 숨길 수 있을 뿐만 아니라, 바깥의 날씨와 상관없이 언제나 **쾌적한 온도**를 유지하며 살도록 해 주지요.

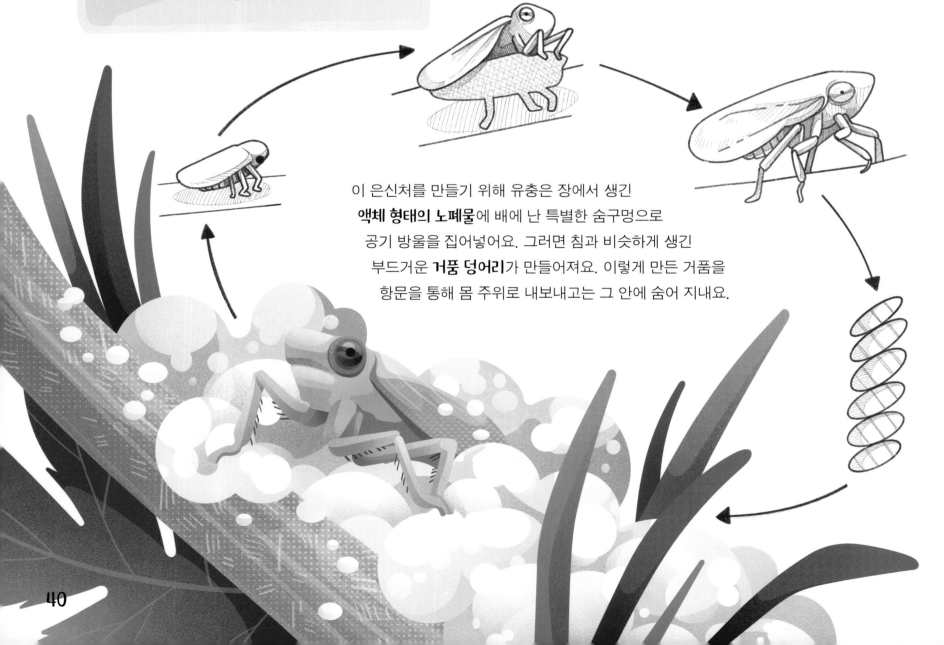

이 은신처를 만들기 위해 유충은 장에서 생긴 **액체 형태의 노폐물**에 배에 난 특별한 숨구멍으로 공기 방울을 집어넣어요. 그러면 침과 비슷하게 생긴 부드러운 **거품 덩어리**가 만들어져요. 이렇게 만든 거품을 항문을 통해 몸 주위로 내보내고는 그 안에 숨어 지내요.

집파리

학명 : 무스카 도메스티카
        (Musca domestica)
식성 : 잡식(식물, 동물의 살점)
길이 : 약 0.7센티미터
무게 : 약 0.012그램
서식지 : 도시, 시골
수명 : 약 28일
번식 : 수백 개의 알이 '구더기'라는
        애벌레로 부화해요.
더러운 습성 : 음식에 소화액을 뱉고
        똥을 먹어요.

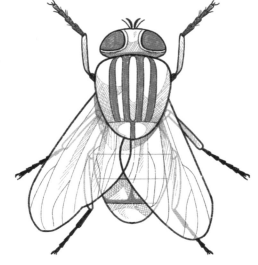

집파리는 작은 주둥이로 뭐든 먹을 수 있어요. 하지만 무언가를 씹어서 먹지는 못해요. 대신 케이크나 똥 등 먹이 위에 **소화액을 뱉고** 먹이가 녹을 때까지 기다렸다가 빨아들여 먹지요.

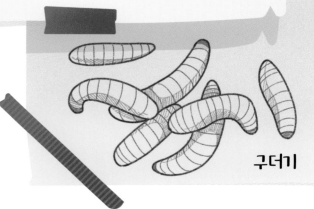

구더기

그리고 **발로 맛을 보면서** 먹을 만한 걸 찾을 때까지 여기저기 밟고 다녀요. 그러니 꼭 기억하도록 해요. 과자 위에 있는 집파리가 사실은 그 전에 똥을 밟다 왔을 수도 있다는 사실을요!

집파리는 정말 빨리 소화해서 **똥을 자주** 쌀 수밖에 없어요. 아마 어딘가에 내려앉을 때마다 똥을 쌀 거예요. 심지어 음식 위에도요.

아직도 속이 울렁거리지 않는다고요? 그렇다면, 집파리가 동물의 똥이나 사체에서 태어난다는 사실은 어때요?

모래뱀상어

형제자매는 거의 서로 다투며 지내지요.
그런데 모래뱀상어는 그보다 더 심해요.
태어나기도 전에 어미도 모르는 사이
어미 배에서 형제끼리 잡아먹을 수 있거든요.

학명 : 카르카리아스 타우루스
(Carcharias taurus)
식성 : 육식(동물의 살점)
길이 : 약 3.2미터
무게 : 약 100킬로그램
서식지 : 열대와 온대 바다
수명 : 약 35년
번식 : 암컷은 각각 길이가 1미터쯤 되는
새끼 두 마리를 낳아요.
무서운 습성 : 어미 뱃속의 새끼가 형제를
잡아먹어요.

새끼를 밴 모래뱀상어의 뱃속에는 새끼가 처음에는 열두 마리 가량 있어요. 하지만, 그중 **가장 큰 두 마리**가 뾰족한 이빨이 생기자마자 **자기보다 작은 형제**를 한 마리씩 **잡아먹어요.** 태어나기도 전에 새끼들이 죽는 것이지요.

이런 행동이 나쁘기만 한 것은 아니에요. 형제를 잡아먹고 태어난 **새끼 두 마리**만은 에너지를 충분히 얻은 덕분에 튼튼하고 건강하게 태어날 수 있고, 그만큼 천적을 피해 무사히 자라날 가능성이 높거든요.

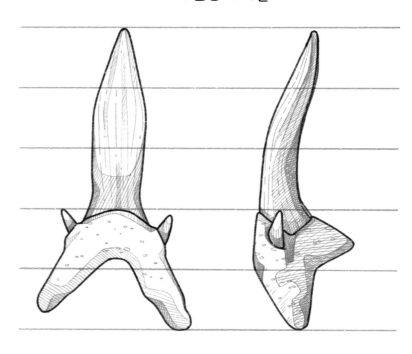

모래뱀상어 이빨

잔날개바퀴

바퀴벌레는 **징그러운 생김새**를 타고났어요. 더러운 곳도 자주 다니지요. 아무도 초대하지 않았는데도 부엌에 불쑥 나타나 주린 배를 달랠 음식을 찾아요. **쓰레기통과 쓰레기 더미**에서도 시간을 보내는 탓에 세균과 박테리아를 쉽게 퍼뜨린답니다.

학명 : 블라타 오리엔탈리스 (Blatta orientalis)

식성 : 잡식(식물, 동물의 살점)

길이 : 약 3.3센티미터

무게 : 약 0.95그램

서식지 : 지구 전역

수명 : 12~18개월

번식 : 암컷은 약 1센티미터 길이의 알집을 낳아요.
　　　 그 속에는 알이 15개쯤 있지요.

무서운 습성 : 머리 없이도 7일 동안 살 수 있어요.

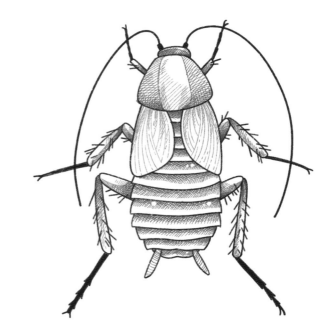

그중 잔날개바퀴는 무시무시하게도 **머리 없이** 얼마간 살 수 있어요! 코나 입이 아니라 몸에 난 작은 구멍으로 숨을 쉬기 때문이에요. 게다가 곤충에게 피와도 같은 '혈림프'를 흘린다 해도 살 수 있지요. 혈림프가 도는 관의 압력이 낮기 때문에, 상처가 나도 혈림프가 많이 나오지 않고, 원래 머리가 있던 부위도 천천히 아문답니다.

머리와 함께 **뇌가 없어져도** 신경 조직이 계속 제 역할을 해서 평소처럼 살 수 있어요. 그러다가 **7일쯤 뒤**에 탈수로 죽고 말지요. 물 없이는 그 이상 살 수 없기 때문이랍니다.

바퀴벌레는 전 세계에 약 4,000종 있어요. 저마다 크기도 습성도 다르지요.

갈색띠바퀴

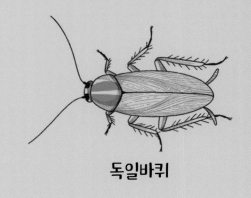

독일바퀴

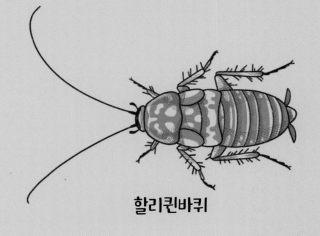

할리퀸바퀴

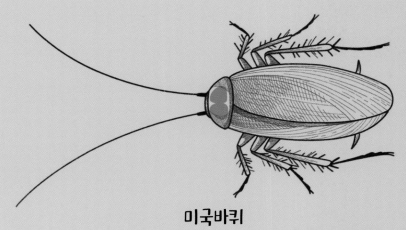

미국바퀴

개미

학명 : 포르미키다이(Formicidae)
식성 : 잡식(식물, 동물의 살점)
길이 : 1~25밀리미터
무게 : 평균 4밀리그램
서식지 : 빙하 제외 지구 전역
수명 : 2~3년, 여왕개미는 최대 30년
번식 : 군집에서 여왕개미만 알을 낳아요.
고약한 습성 : 진딧물 항문에 입을 대고
단물을 먹어요.

개미는 사회를 이루며 사는 작은 곤충이에요. 군집 전체의 발전을 위해 각자 할 일을 나누고 열심히 할 일을 하며 살아가지요. 개미가 하는 여러 일 가운데는 **진딧물을 기르는 일**도 있어요.

진딧물은 수액을 먹고 사는 작은 곤충인데, 개미는 진딧물을 **살뜰히 보살펴요.** 천적이나 추위로부터 지키고, 가장 좋은 식물에 데려다 놓고, 더듬이로 쓰다듬으며 소중히 돌보지요. 그 대가로 개미는 진딧물로부터 끈적한 **단물 방울**을 얻어요.

진딧물에게 단물은 노폐물이에요. 즉, **똥**이라는 말이지요. 그러나 개미는 뭐든 버리는 법이 없어요. 진딧물이 항문으로 단물을 내보내면, 개미가 진딧물의 항문에 입을 대고 단물을 소중하게 **핥아 먹는답니다.**

진딧물

꿀벌

벌집 안에서 두 꿀벌이 서로 가까워지는 모습을 보면 가끔 **둘이 입맞춤하는 것**처럼 보여요. 가족이나 친구끼리 애정 표현을 하는 건가 싶겠지만, 사실 입에서 입으로 **먹이를 전달**하는 행동이랍니다.

'**영양 교환**'이라는 이 행동은 **여왕벌**을 돌보는 일벌들 사이에서도 관찰돼요. 일벌은 여왕벌이 내놓는 '**페로몬**'을 핥아 다른 동료에게 입으로 전달해요. 그러면, 군집 전체가 여왕벌이 건강히 살아 있다는 사실을 알 수 있지요.

학명 : 아피스(Apis)
식성 : 꽃가루, 꽃꿀, 꿀
길이 : 약 2센티미터
무게 : 여왕벌 약 0.19그램
서식지 : 농경 지역
수명 : 일벌 약 30일, 여왕벌 약 5년
번식 : 군집에서 여왕벌만 알을 낳아요.
　　　일벌이 애벌레를 먹이고 돌보지요.
고약한 습성 : 입에서 입으로 먹을 걸 날라요.

그러나 영양 교환을 하면 안타깝게도 치명적인 **질병**을 서로에게 옮기게 될 수도 있어요. 장 속 미생물에 생기는 질병이 벌들의 입에서 입으로 옮겨 가면 군집 안의 여러 꿀벌이 같은 질병에 걸려 시름시름 앓거나 죽을 수도 있답니다.

꿀벌의 혀

학명 : 포다르키스 무랄리스
　　　(Podarcis muralis)
식성 : 육식(동물의 살점)
길이 : 약 20센티미터
무게 : 약 6그램
서식지 : 암석 지대, 도시
수명 : 약 10년
번식 : 암컷은 2~10개의 알을 낳아 햇볕이
　　　 적은 땅속이나 평평한 돌 밑에 묻어요.
고약한 습성 : 꼬리를 스스로 끊어 낼 수 있고,
　　　 잘린 꼬리는 몸에서 떨어진
　　　 뒤에도 계속 움직여요.

벽도마뱀★

★ 영문명 'Common Wall Lizard'를
그대로 번역해 표기했습니다.

몇몇 도마뱀은 궁지에 몰리면 **소름 돋는
방식으로** 위기를 벗어나요. 바로 **꼬리를
끊는 것**이죠! 떨어진 꼬리가 꿈틀거리며
공격자의 주의를 끄는 동안 도마뱀은
재빨리 도망쳐요.

이게 무슨 공포 이야기인가 싶겠지만, 도마뱀은 이런 방법으로 자기 **목숨을 지켜요**. 아무리 물고 할퀴어도 천적으로부터 빠져나가기 어려울 땐 차라리 꼬리를 포식자에게 내어 주고 몸을 지켜 내지요.

죽느니 꼬리를 끊는 게 나으니까요!

꼬리

도마뱀은 꼬리를 잃어도 생각보다 고통을 느끼지 않아요. 약한 절단면을 따라 근육이 자연스레 갈라지거든요. 그 후 새 꼬리가 조금씩 **다시 자란답니다**. 원래보다 **조금 작고 뻣뻣하기는** 하지만요.

49

웜뱃

웜뱃은 **크고 긴 굴**을 파고 그 안에서 지내요.
새끼를 주머니에 키우는 '유대목 동물'이지요.

작고 통통한 몸에 다리는 땅딸막한 모습이
사랑스럽게 생겼어요. 그런데 귀여운 외모와 달리
괴상한 비밀 하나를 가지고 있지요. 이 세상에서
유일하게 **네모난 똥을 싸는** 동물이랍니다.

과학자들은 웜뱃이 먹은 풀이 **2주 반** 만에 소화되고,
장 끄트머리로부터 8센티미터 안에서 똥으로 단단히
굳는다는 사실을 알아냈어요. 이때 각 변의 길이가
2센티미터쯤 되는 **네모난 똥**이 생기는 것도요.

학명 : 봄바티다이(Vombatidae)
식성 : 초식(식물)
길이 : 약 1미터
무게 : 약 35킬로그램
서식지 : 호주 숲
수명 : 약 15년
번식 : 암컷은 2년에 한 번씩 출산하고,
　　　 6개월 동안 주머니에 새끼를
　　　 넣고 다녀요.
고약한 습성 : 네모난 똥을 싸요.

웜뱃은 하룻밤 새에 **네모난 똥을 100개도 넘게** 쌀 수 있어요.
그런 다음에 **굴 입구 주변**에 똥을 벽돌처럼 쌓아 놓아요.
이렇게 해서 입구를 더 작게 만드는 동시에 다른 동물들에게
집주인이 따로 있다고 알리지요.

사자

사자는 '동물의 왕'으로 불리며 힘, 용기, 지혜를 상징해요.
이런 사자에게도 이상한 습관이 하나 있어요. 여기저기를
다니면서 나무 몸통, 바위, 덤불 등에 **오줌을 찍찍 뿌리는**
거예요. 무려 **3미터** 떨어진 곳까지도요.

사자의 이런 행동은 여러 고양잇과 동물처럼 영역 표시를
하는 방법이에요. 사자는 영역을 표시할 때 크게 울기도
하지만, 영역 경계를 따라 군데군데 오줌을 뿌려
악취 가득한 메시지를 남긴답니다.

학명 : 판테라 레오(Panthera leo)
식성 : 육식(동물의 살점)
길이 : 약 2.5미터
무게 : 약 190킬로그램
서식지 : 사바나
수명 : 약 18년
번식 : 같은 무리에 있는 암사자들끼리
　　　같은 시기에 새끼를 낳을 수 있어요.
　　　종종 공동으로 육아를 하지요.
더러운 습성 : 오줌을 뿌려 영역 표시를 해요.

사자 오줌은 두 가지 역할을 해요.
몸속 **노폐물을 제거**하고, 다른 사자와
의사소통하도록 도와주지요. **암컷과
수컷 모두** 태어난 지 2년쯤 지나면
오줌을 뿌린답니다. 수컷이 훨씬 더
자주 뿌리지요.

개코원숭이

학명 : 파피오(Papio)
식성 : 잡식(식물, 동물의 살점)
길이 : 약 1.2미터
무게 : 약 23킬로그램
서식지 : 사바나
수명 : 약 40년
번식 : 한배에 새끼가 한 마리만 태어나
　　　오랫동안 어미와 같이 지내요.
고약한 습성 : 암컷은 자기의 부풀어 오른
　　　　　　빨간 엉덩이를 수컷에게
　　　　　　내보여요.

암컷 개코원숭이는 관심받고 싶을 때 **엉덩이**를 내보여요.
부푼 **살덩어리**가 피망만큼 빨개서 정말 잘 보이지요.

**이렇게 강렬한 엉덩이가 어떻게 눈에 띄지
않을 수 있겠어요!**

짝을 찾던 수컷 개코원숭이가 커다랗고 빨간
암컷 개코원숭이의 엉덩이에 **정신을 빼앗기면**
어떤 경쟁자가 나타나도 **거세게 맞선답니다.**

암컷 개코원숭이의 부푼 엉덩이는 번식 철이 끝나고
일상으로 돌아가면 원래대로 가라앉아요. 다음에 또
수컷이 암컷의 눈을 사로잡기 전까지요.

**걸어 다닐 땐 얼마나 편할지 잘 모르겠지만,
암컷 개코원숭이의 커다란 엉덩이는 푹신한
방석 같아서 확실히 앉기에는 좋아 보여요.**

중국자라

학명 : 펠로디스쿠스 시넨시스
(Pelodiscus sinensis)
식성 : 육식(동물의 살점)
길이 : 등딱지 기준 15~30센티미터
무게 : 2.5킬로그램
서식지 : 하천, 연못 등
수명 : 약 20~30년
번식 : 암컷은 지름이 20밀리미터쯤
되는 알을 8~30개 낳아요.
1년에 최대 5번까지 낳지요.
더러운 습성 : 오줌을 입으로 싸요.

오줌을 입으로 싸는 건 그다지 깨끗해 보이지 않아요.
심지어 좀 역겨워 보이지요. 그러나 동물의 세계에는
이런 행동을 해야 **정상**인 파충류가 있어요. 바로 강이나
연못 등 습지에서 사는 중국자라예요.

중국자라의 등딱지는 부드러운
가죽 같은 피부로 덮여 있어요.

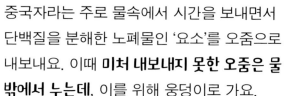

중국자라는 주로 물속에서 시간을 보내면서
단백질을 분해한 노폐물인 '요소'를 오줌으로
내보내요. 이때 **미처 내보내지 못한 오줌은 물
밖에서 누는데**, 이를 위해 웅덩이로 가요.

웅덩이를 찾으면, **머리를 물속에 박고 입을 벌렸다가 오므려요.**
박자를 맞추는 것처럼 이 행동을 반복하면서 오줌을 내보낸답니다.
오줌을 다 내보내면, 아무렇지도 않게 물로 입을 헹구고
다른 곳으로 발걸음을 옮겨요.

학명 : 파스콜라르크토스 키네레우스
　　　(Phascolarctos cinereus)
식성 : 초식(식물)
길이 : 약 85센티미터
무게 : 약 15킬로그램
서식지 : 유칼립투스 숲
수명 : 약 20년
번식 : 한배에 보통 새끼 한 마리만 태어나요.
　　　새끼는 어미의 주머니로 기어 올라가
　　　최대 6개월 동안 그 속에서 지내지요.
더러운 습성 : 새끼는 어미의 항문에서 나온
　　　'팹'이라는 물질을 먹고 자라요.
　　　팹에는 유칼립투스 잎의 독성을
　　　분해하는 미생물이 있어요.

코알라

유칼립투스 잎은 뻣뻣하고 질긴 데다가 독까지
있어요. 그래서 동물 대부분이 잘 **소화하지
못하지요.** 하지만 코알라는 예외예요. 이 귀여운
유대목 친구는 장 속에 **특별한 미생물**이 있어서,
유칼립투스 잎에 든 영양분을 흡수할 수 있거든요.

그런데 새끼는 이 미생물을 갖지 못한 채 태어나요.
그래서 아직 유칼립투스 잎을 먹을 수 없고,
어미에게서 장 속 미생물인 **'장내세균총'**을 받아야
해요. 과연 어떻게 받을 수 있을까요? 아마 가장
역겨울 방법일 거예요. 바로 **어미의 항문에서 나온
'팹'이라는 물질을 먹는 방법**이니까요.

유칼립투스

새끼 코알라는 어미의 주머니 밖으로 머리를
쑥 내밀고 어미가 장 속 미생물을 가득 담은
팹을 내놓기만을 기다려요. 그리고 이 별난
'이유식'을 먹으며 **젖을 뗄 준비**를 한답니다.

줄리아귤빛독나비

줄리아귤빛독나비는 다른 나비들처럼 꽃에 주둥이를 꽂고 꿀을 빨아 마셔요. 한편, **무기질**도 잘 챙겨 먹어야 하는데 마땅치 않으면 다른 곳에서라도 찾아 먹어야 해요.

무기질을 가장 쉽게 찾을 수 있는 곳은 바로, 무시무시한 카이만악어의 **눈 속**이에요! 우리 인간들처럼 **악어의 눈물**도 **나트륨(소듐)**을 포함하고 있어요. 그래서 우리 눈물처럼 짠 맛이 나지요. 줄리아귤빛독나비는 커다란 카이만악어의 머리에 겁 없이 내려앉고는 카이만악어의 눈물을 부드럽게 마셔 무기질을 흡수해요.

학명 : 드리아스 이울리아(Dryas iulia)
식성 : 꽃꿀
날개폭 : 약 9센티미터
무게 : 약 0.195그램
서식지 : 숲
수명 : 약 36일
번식 : 알을 하나씩 띄엄띄엄 낳아요.
　　　부화한 애벌레는 잎을 먹고 살지요.
더러운 습성 : 카이만악어의 눈물을 마셔요.

애벌레

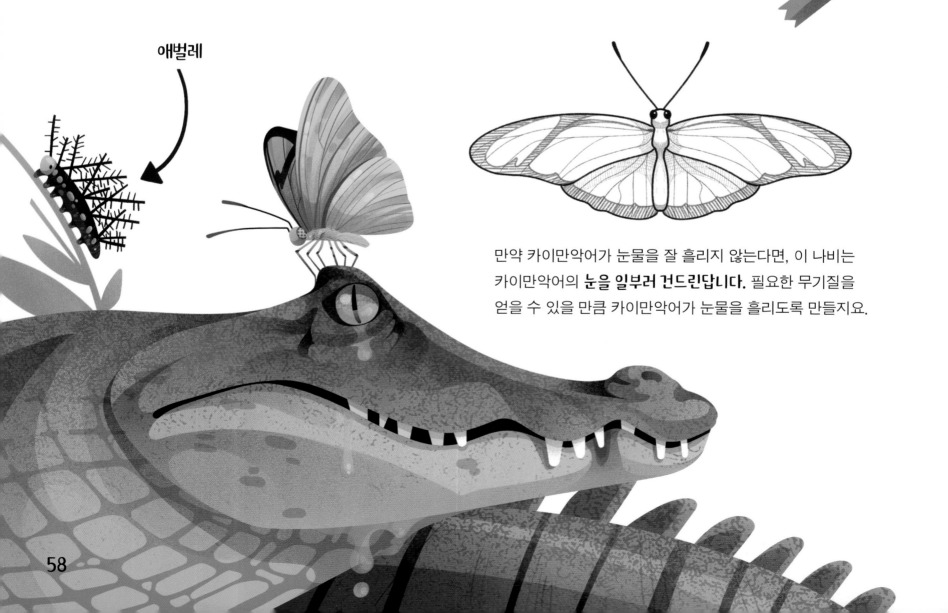

만약 카이만악어가 눈물을 잘 흘리지 않는다면, 이 나비는 카이만악어의 **눈을 일부러 건드린답니다.** 필요한 무기질을 얻을 수 있을 만큼 카이만악어가 눈물을 흘리도록 만들지요.

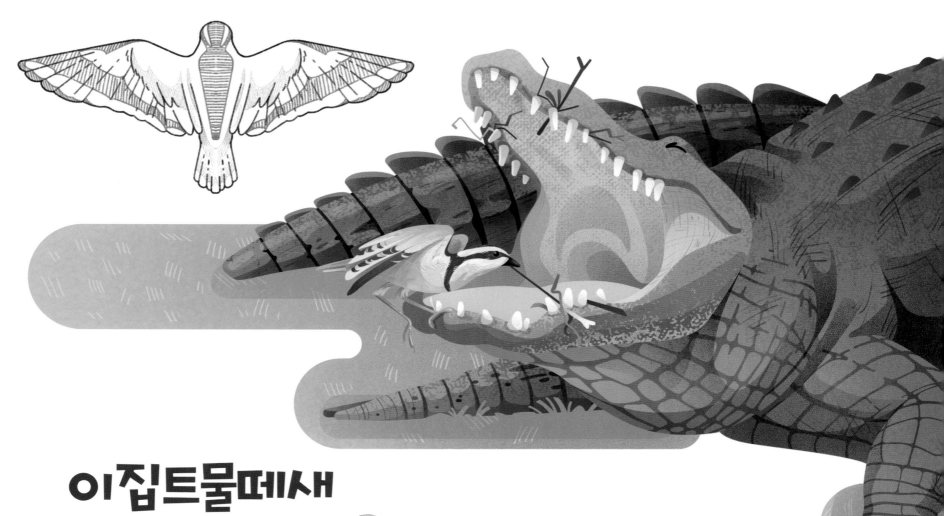

이집트물떼새

학명 : 플루비아누스 아에깁티우스
(Pluvianus aegyptius)
식성 : 잡식(작은 벌레, 식물 씨앗 등)
길이 : 약 20센티미터
무게 : 약 85그램
서식지 : 열대 저지대 강
수명 : 약 6년
번식 : 알을 2~3개 낳고, 무더운 날엔
알을 시원하게 해 주기 위해
부모가 알을 물로 자주 적셔요.
고약한 습성 : 악어 입속으로 들어갈
때가 있어요.
(왜 그런지는 몰라요!)

악어의 쩍 벌린 입속으로 들어가려면,
얼마나 용감해야 할까요?

'악어새'로도 알려진 이집트물떼새는 아주 용감하게도 악어
입에 들락거려요. 악어가 마치 치과 진료를 받는 환자처럼
얌전히 있을 거라는 사실을 아는 듯 굴지요.

예전에는 이 새가 악어의 이빨 사이에 낀 **살코기**를 먹으려
이런 행동을 한다고 알려졌지만, **사실이 아니에요.** 악어의
이빨에는 고기가 낄 일이 거의 없고, 이집트물떼새는 주로
작은 벌레나 씨앗을 먹거든요.

그런데도 왜 이집트물떼새가 악어의 입속에 들어가는지
그 **이유**는 아직 명확하게 밝혀지지 않았어요.

**분명한 건, 악어 입으로 들어간 이 새를 어떤 천적이라도
쉽게 건드리지 못할 거라는 사실이에요.**

청어

청어는 세계적으로 흔히 볼 수 있는 은빛 물고기예요. 드넓은 태평양과 대서양 중에서도 온대 바다에서 수천 마리가 모여 거대한 떼를 이루며 살아가지요. 낮에는 깊은 바닷속에 있다가, 해가 지고 주위에 천적이 줄어들면 수면으로 올라가요. 그러고는 입을 열고 헤엄치며 **플랑크톤**을 모은답니다.

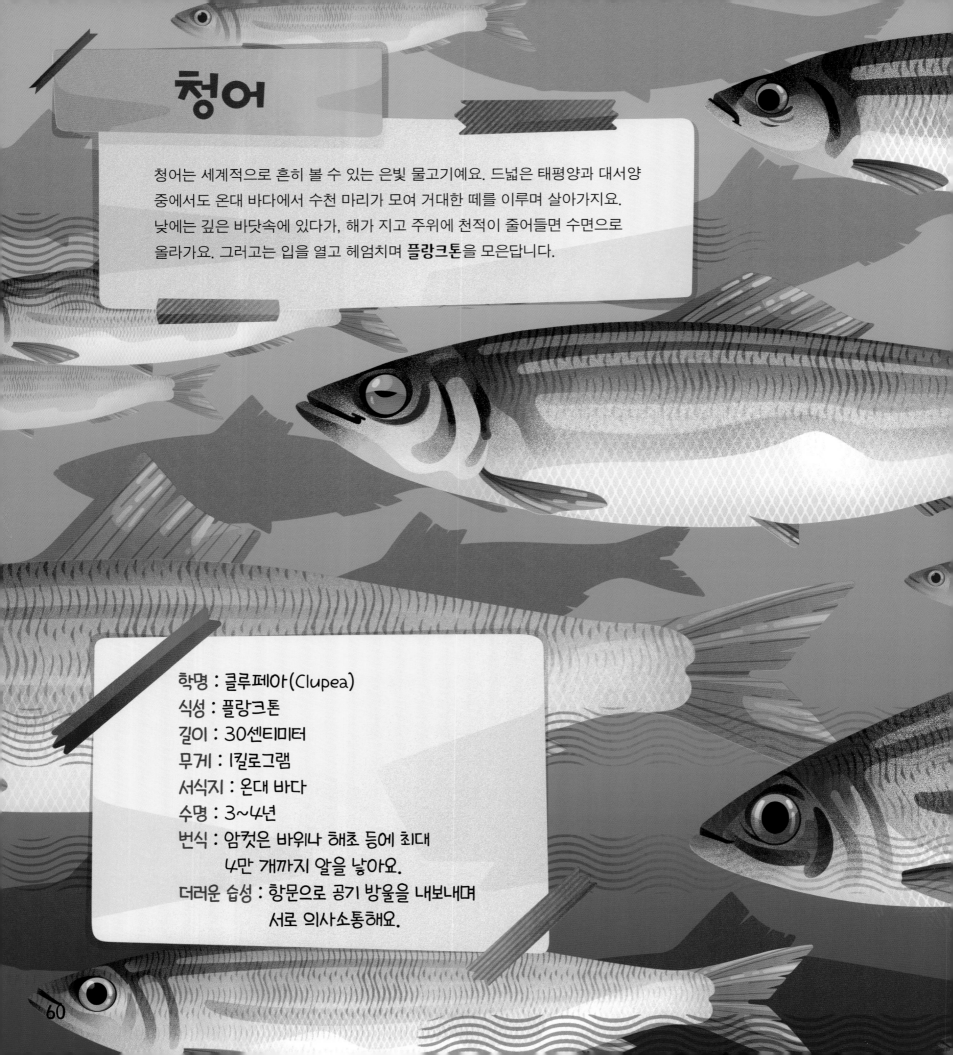

학명 : 클루페아(Clupea)
식성 : 플랑크톤
길이 : 30센티미터
무게 : 1킬로그램
서식지 : 온대 바다
수명 : 3~4년
번식 : 암컷은 바위나 해초 등에 최대 4만 개까지 알을 낳아요.
더러운 습성 : 항문으로 공기 방울을 내보내며 서로 의사소통해요.

밤이 되어 어두워져도 청어는 동료들과 함께
있으려고 서로를 찾아요. **항문에서** 공기 방울을
내뿜어 방귀 소리를 내면, 어둠 속에서도 쉽게
동료를 찾을 수 있어요.

다른 물고기에게는 이 신기한 소리가 들리지 않아요.
대부분의 물고기들이 들을 수 있는 주파수에
비해 청어가 들을 수 있는 주파수가 훨씬 더 높기
때문이에요. 그래서 아주 작은 방귀 소리로 천적의
주의를 끌지 않고도 안전하게 **의사소통할 수 있답니다.**

61

달팽이

학명 : 헬리코이데이(Helicoidei)
식성 : 초식(식물)
길이 : 약 5센티미터
무게 : 약 10그램
서식지 : 풀밭, 숲
수명 : 약 10년
번식 : 알을 최대 30개까지 낳고 점액과
　　　흙으로 묻어요.
더러운 습성 : 침같이 끈끈한 점액 위로
　　　　　　미끄러지며 움직여요.

점액은 걸쭉하고 끈끈한 액체예요. 이걸 건드린다는 생각만으로도 역겨운데, **온몸에 뒤집어쓰고도 멀쩡히** 지내는 동물들이 있답니다. 그중 달팽이는 점액을 잔뜩 만들고, 이동하며 은빛으로 번들거리는 흔적을 남겨요.

달팽이는 끈끈해서 쉽게 증발하지 않는 점액 덕분에 **유연하게** 움직이며 **촉촉한** 상태를 유지할 수 있어요. 게다가 해로운 박테리아, 햇볕은 물론이고 돌길에도 큰 상처를 입지 않고 몸을 **보호할 수 있지요.**

점액의 장점

게다가 미끄러운 점액을 **길로 삼아 미끄러지며 이동해요.** 멈춰 쉴 때는 어떤 곳에라도, 심지어 수직으로 붙을 수 있도록 점액이 **끈적끈적해진답니다.**

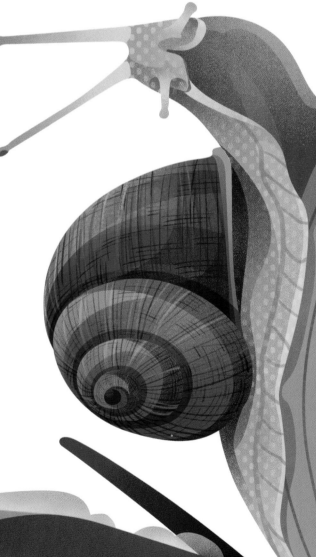

노래기

학명 : 디플로포다(Diplopoda)

식성 : 죽은 유기물, 찌꺼기 위주

길이 : 종에 따라 다양해요.

무게 : 종에 따라 다양해요.

서식지 : 습한 지역

수명 : 종에 따라 다양해요.

번식 : 암컷은 흙에 구멍을 파고, 그 속에 알을 낳아요.

고약한 습성 : 자극적이고 냄새가 고약한 분비물을 내뿜어요.

노래기는 여러 개의 몸마디가 연결된 동물이에요. 영어로는 '천 개(million)의 발(feet)'에서 유래한 '밀리피드(Milipede)'라고 불려요. 그런데 사실 노래기의 다리는 최대 300개인 데다, 길이가 짧아서 빨리 달릴 수는 없답니다. 이런 노래기는 **축축한 곳**에서 지내며 **썩은 야채**를 즐겨 먹어요.

때로는 옆구리에서 **노랗고 자극적인 냄새의 액체**를 뿜는데, 이 안에는 '청산'이라는 **강력한 독**이 있어요. 때문에 이 분비물은 다른 동물의 피부를 자극하고 눈에 해를 입힐 수도 있어요.

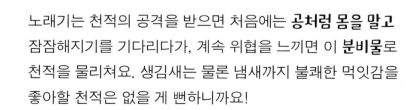

노래기는 천적의 공격을 받으면 처음에는 **공처럼 몸을 말고** 잠잠해지기를 기다리다가, 계속 위협을 느끼면 이 **분비물**로 천적을 물리쳐요. 생김새는 물론 냄새까지 불쾌한 먹잇감을 좋아할 천적은 없을 게 뻔하니까요!

글 크리스티나 반피

밀라노 대학교에서 자연 과학을 전공했습니다. 다양한 학교에서 과학을 가르치며 20년 이상 과학적 소통과 놀이를 통한 교육 활동을 해 왔습니다. 이러한 경험을 바탕으로 과학 및 교육 분야에서 편집 경험을 쌓았고, 특히 아동 및 청소년을 위한 다양한 책을 쓰고 있습니다.

그림 로셀라 트리온페티

1984년에 태어나, 어린 시절 서점과 도서관에서 동물 그림책을 즐겨 보며 일찍이 그림의 세계에 관심을 가졌습니다. 대학교에서 응용 예술 학위를 받고, 다양한 일러스트레이션과 그래픽 작업을 해 왔습니다. 지금은 어린이 책의 일러스트레이터 겸, 앱과 게임의 디자이너로 일하고 있습니다.

옮김 김시내

홍익대학교 신소재공학과를 졸업하고 기업에서 연구원으로 일했습니다. 현재는 바른번역 글밥아카데미를 수료한 뒤 번역가로 활동하고 있습니다. 옮긴 책으로 《말하는 나무들》, 《뉴로제너레이션》, 《롱패스》 등이 있습니다.

은근히 이상하고 더러운 동물

초판 1쇄 발행 2025년 2월 28일 | **글** 크리스티나 반피 | **그림** 로셀라 트리온페티 | **옮김** 김시내
펴낸곳 보랏빛소 | **펴낸이** 김철원 | **책임편집** 윤선주 | **디자인** 진선미 | **마케팅·홍보** 이운섭
출판신고 2014년 11월 26일 제2015-000327호 | **주소** 서울시 마포구 양화로1길 29 2층
대표전화·팩시밀리 070-8668-8802 (F)02-323-8803 | **이메일** boracow8800@gmail.com

ISBN 979-11-94356-30-1(74490)

WSKids
WHITE STAR KIDS

White Star Kids® is a registered trademark property of White Star s.r.l.
© 2022 White Star s.r.l.
Piazzale Luigi Cadorna, 6 20123 Milan, Italy
www.whitestar.it

All rights reserved. No part of this book may be reproduced, transmitted,
or stored in an information retrieval system in any form or by any means, graphic, electronic,
or mechanical, including photocopying, taping, and recording,
without prior written permission from the publisher.

KOREAN language edition © 2025 by Borabit So Publishing Co.
KOREAN language edition arranged with White Star s.r.l. through POP Agency, Korea.

• 이 책의 한국어판 저작권은 팝 에이전시(POP AGENCY)를 통한
  저작권사와의 독점 계약으로 보랏빛소가 소유합니다.
• 신 저작권법에 의하여 한국 내에서 보호를 받는 저작물이므로
  무단전재와 무단복제를 금합니다.

KC 어린이제품 안전특별법에 의한 제품 표시사항
제조자명: 보랏빛소 | 제조국명: 대한민국
제조년월: 2025년 2월 | 사용연령: 4세 이상

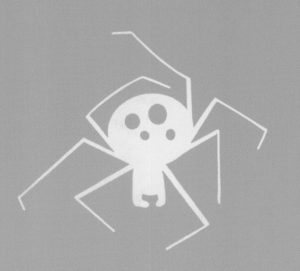